T/CAGHP 053—2018

目　次

前言 .... Ⅲ
1 范围 1
2 规范性引用文件 1
3 术语和定义 1
4 基本规定 3
5 施工准备 3
　5.1 技术准备 3
　5.2 现场准备 3
　5.3 测量放线 4
　5.4 植物材料准备 4
6 喷播法 5
　6.1 一般规定 5
　6.2 施工工艺 5
　6.3 质量检验 7
7 植生槽(盆)法 7
　7.1 一般规定 7
　7.2 施工工艺 7
　7.3 质量检验 8
8 植生袋法 8
　8.1 一般规定 8
　8.2 施工工艺 8
　8.3 质量检验 9
9 保育基盘法 9
　9.1 一般规定 9
　9.2 施工要点 10
　9.3 质量检验 10
10 种植法 10
　10.1 一般规定 10
　10.2 施工要点 11
　10.3 质量检验 12
11 其他生物治理方法 12
　11.1 土工格室法 12
　11.2 植生毯法 13
　11.3 台阶种植法 13
　11.4 生物谷坊法 13

Ⅰ

11.5 生物拦挡法	14
11.6 生物排导法	14
12 灌溉工程	14
12.1 一般规定	14
12.2 施工要点	14
13 养护管理	15
14 监测	15
14.1 一般规定	15
14.2 后期植被生长效果监测	16
15 工程质量验收	16
15.1 一般规定	16
15.2 工程质量验收	17
16 环境保护和安全措施	18
16.1 环境保护措施	18
16.2 安全措施	18
附录 A（资料性附录） 地质灾害生物治理工程植物材料验收记录	19
附录 B（资料性附录） 分项、分部工程质量验收记录	20
附录 C（资料性附录） 地质灾害生物治理工程质量竣工验收报告	22
附录 D（资料性附录） 生物措施验收评价记录	27

前　言

本标准按照 GB/T 1.1—2009《标准化工作导则　第1部分：标准的结构和编写》给出的规则起草。

本标准由中国地质灾害防治工程行业协会提出并归口。

本标准起草单位：深圳市铁汉生态环境股份有限公司、深圳市岩土综合勘察设计有限公司、深圳市工勘岩土集团有限公司、吉林省信旺地质工程有限公司、广东省化工地质勘查院、中国建筑材料工业地质勘查中心广东总队、广东省第四地质大队。

本标准起草人：杜臣万、沈彦、吴旭彬、王贤能、刘波、赖培华、王伟东、叶国杨、赵亮、周巍、丁亚东、全科政、马君伟、胡正勇、王宪忠、余江、赵学文、吴彩琼、杜林峰、何会齐、周桂英。

本标准由中国地质灾害防治工程行业协会、深圳市铁汉生态环境股份有限公司负责解释。

地质灾害生物治理工程施工技术规程（试行）

1 范围

本标准规定了地质灾害生物治理工程的术语和定义、基本规定、施工准备、喷播法、植生槽法、植生袋法、保育基盘法、种植法、其他生物治理方法、灌溉工程、养护管理、施工监测、工程质量验收、环境保护和安全措施等。

本标准适用于泥石流、滑坡、崩塌、地面塌陷、地面沉降等地质灾害生物治理工程质量控制。土地整治、矿山地质环境修复工程可参照本标准执行。

2 规范性引用文件

下列文件对于本文件的应用是必不可少的。凡是注日期的引用文件，仅所注日期的版本适用于本文件。凡是不注日期的引用文件，其最新版本（包括所有的修改单）适用于本文件。

GB 6000　主要造林树种苗木质量等级
GB 6142　禾本科草种子质量分级
GB 7908　林木种子质量分级
GB 50203　砌体结构工程施工质量验收规范
GB 50204　混凝土结构工程施工质量验收规范
GB 50330　建筑边坡工程技术规范
GB/T 15773　水土保持综合治理验收规范
GB/T 18921　城市污水再生利用景观环境用水水质
GB/T 50485　微灌工程技术规范
GB/T 51097　水土保持林工程设计规范
CJJ 82　园林绿化工程施工及验收规范
SL 176　水利水电工程施工质量检验与评定规程
SL 386　水利水电工程边坡设计规范
SL 277　水土保持监测技术规程
DZ/T 0219　滑坡防治工程设计与施工技术规范
DZ/T 0221　崩塌、滑坡、泥石流监测规范
DZ/T 0222　地质灾害防治工程监理规范
LY/T 1000　容器育苗技术
NY/T 1342　人工草地建设技术规程

3 术语和定义

下列术语和定义适用于本文件。

3.1
地质灾害生物治理工程 bio-engineering control works for geohazard

结合地质灾害治理工程措施,采用植物、生物及其他材料构建植物生态系统,抑制次生地质灾害发生,减弱地质灾害活动、防治水土流失,并对灾后生态系统维护、保育、生态群落与自然景观重建的综合治理工程。

3.2
植生基质 base material for plant growth

人工制备能满足困难立地条件植物生存的高效混合物,通常采用当地腐殖土或泥炭土、植物纤维、有机肥、添加剂等按一定比例组合而成。

3.3
客土 improved soil imported from other places

指质地良好的种植土或人工配置能够满足种植条件非当地原生土壤。

3.4
喷播法 spray-seeding method

运用特定机械将植物种子、基质和水的混合物喷附于基床表面的工程方法。

3.5
植生槽(盆)法 vegetation island method

利用岩质坡面微地形及裂隙、破碎带等地质环境,营造植物种植生长条件,一般采用砖、料石或预制构件等修筑植生槽(盆),回填基质种植乔灌木。

3.6
植生袋法 vegetation bag method

采用聚丙烯人造纤维、无纺布等材料加工的袋装构件,内填充种植土与植物种子,用于驳岸及岩质坡面快速绿化等。

3.7
保育基盘法 nursery plate method

保育基盘法是一种利用特制模具制作营养基块,具有保水保育功能局部改善植物生长环境的绿化技术,分为"保育基盘播种法"和"保育基盘苗移栽法"。

3.8
乡土植物 native plant

原产于本地区的植物,或通过长期引种、栽培和繁殖,被证明已经完全适应本地区的气候和环境,生长良好且能与本地植物形成共生稳定群落的一类植物。

3.9
立地条件 site conditions

治理项目区域的气候、水文、地形(含微地形)、地貌、地质、土壤、植被等植物生长条件的总称。

3.10
植物群落 plant community

生活在一定区域内所有植物的集合,它是每个植物个体通过互惠、竞争等相互作用而形成的一个有机组合,是适应其共同生存环境的结果。

3.11
目标植物群落 target plant community

根据项目区立地条件与当地社会经济状况及发展要求等设计目标群落:按建群种类型和层次,

目标植物群落类型可分为草本型植物群落、灌草型植物群落、乔灌型植物群落和特殊型植物群落。

3.12

生物护坡工程 slope control bio-engineering

为稳定滑坡、崩塌等不稳定边坡坡体浅、表层岩土体，改善坡面径流，保护坡面采取的生物治理工程措施。

3.13

林草封育工程 forest and grassland closure engineering

将植被从利用状态改变为休闲、不利用状态，或加以培育，以恢复植被、保护生态环境的措施。

3.14

植被覆盖率 vegetation coverage rate

植被在特定区域的投影面积与该区域总投影面积之比（%）。

3.15

种植成活率 plant survival rate

种植植物的成活数量所占种植物总量的百分比（%）。

4 基本规定

4.1 生物治理施工应在已采取治理工程措施或地质灾害体趋于稳定的前提下使用。

4.2 生物治理工程施工组织设计应参照各类地质灾害防治工程设计和施工相关规范，针对生物治理工程措施类型、立地条件和施工工艺提出具体要求。

4.3 地质灾害生物治理工程施工工艺，应做到技术先进、因地制宜、就近取材、经济合理。

4.4 地质环境复杂项目且存在安全隐患的情况下，应设置危险源监测措施，确保工作人员安全生产。

5 施工准备

5.1 技术准备

5.1.1 对项目区域气象、水文、地形、地貌、地质、土壤、道路、水源、植被及病虫害发育特征和防治措施等进行详细调查分析。

5.1.2 组织项目技术管理人员及施工班组管理成员进行现场踏勘，熟悉现场施工条件，明确施工范围。

5.1.3 施工单位应组织专业技术及管理人员熟悉和领会施工图纸，参加图纸会审，明确设计意图。

5.1.4 施工图交接时设计单位应进行设计技术交底，明确施工质量控制要点及设计目标要求，并形成会议纪要。

5.1.5 在充分了解现场与设计工艺及质量目标的基础上编制施工组织设计、安全施工措施及其他专项施工技术方案，尽量采用先进设备、新工艺、新技术确保安全生产与工程质量。

5.2 现场准备

5.2.1 合理布置生产、加工、管理、道路、生活等临时设施，符合当地安全、文明工地建设要求。

5.2.2 施工用电应进行设备总需容量设计，变压器容量应满足施工用电负荷要求，施工用电的布置须执行《施工现场临时用电安全技术规范》(JGJ 46)规定。

5.2.3 施工及生活用水水源依据现场环境条件就近接市政输水管道,确保生产及生活用水需求。

5.2.4 临时堆土区坡脚设置围挡,周边设置临时排水沟,配足彩条布进行遮盖,防止刮风扬尘及雨水冲刷产生水土流失。

5.2.5 按设计施工材料要求确定的材料型号及规格组织货源,依据施工组织进度计划要求备料,钢筋、水泥、肥料、种子等材料应建库存放,避免雨水淋浸及污染。

5.2.6 所有成品及半成品材料进场须有出厂合格证,并经检验合格,分类造册隔挡存放。

5.2.7 涉及到结构安全的试块、试件及有关材料,应当在监理单位的监督下现场取样并送检。

5.2.8 锚杆(索)钻机、混凝土搅拌机、湿喷机等施工设备,进场时应进行检验,设备性能应满足施工要求,应做好施工设备安装、调试等准备工作。

5.2.9 施工单位应组织施工班组人员分部分项施工前进行安全与技术交底,实行按工序质量验收制度,确保安全生产与质量达标。

5.3 测量放线

5.3.1 建设或监理单位应向施工单位移交测量基准点,测量基准点一般不少于5个。应对基准点测量复核,经监理单位复核基准点满足要求后,依据现场施工分区、块作业要求,加密控制点。

5.3.2 测量人员应熟悉设计图,并根据现场情况编制测量放线图,制定测量放线方案,包括测量方法、计算方法、操作要点、测量仪器、专业人员要求及测量组织等。

5.3.3 施工单位应按工程测量要求布设测量控制网点和监测系统,测量控制网点应建立在施工工程之外,且能够控制整个施工场地,并设固定标识妥善保护,施工中定期复测。

5.3.4 测量放线及校核工作、测量成果记录等,应形成成套的工程资料,及时归档备案。

5.4 植物材料准备

5.4.1 根据设计文件要求的种类和数量,准备植物材料。

5.4.2 植被的选择应根据立地条件、植被设计的目标、植物的生长特点、效益发挥等因素综合考虑。优先选用耗水耗肥少、保水保土能力好等抗逆性强和具有一定景观价值的乔灌草植物种,并注重乡土植物种的优选和开发,植物品种的选择,应符合当地规定,不应使用外来生态入侵种。

5.4.3 生物治理工程宜选用优良种源、良种基地培育的种子或苗木,质量等级应满足以下规定:

  a) 喷播或撒播的草本植物的种子质量可参考《禾本科草种子质量分级》(GB 6142)中规定的二级质量标准;木本植物种子质量可参考《林木种子质量分级》(GB 7908)中所规定的二级质量标准。

  b) 容器苗可参考现行行业标准《容器育苗技术》(LY/T 1000)有关合格苗木标准的规定。

  c) 裸根苗可参考现行国家标准《主要造林树种苗木质量分级》(GB 6000)有关Ⅰ、Ⅱ级苗木标准的规定。

5.4.4 自行采收的乡土植物种子,使用前应进行相关发芽试验,确定播种量与催芽等处理方法。

5.4.5 对于种子细小的物种,可选择包衣种子或者与其他材料混合处理,利于撒播或喷播均匀。

5.4.6 植物来苗前,应具备种植或灌溉养护条件,考虑苗木或植物材料对场地的要求,尽量缩短移植时间,控制移动次数与移动操作对苗木造成的损毁。

5.4.7 植物来苗不能及时种植的,要及时采取分种类排放、遮阴、通风与保湿等植物保护措施,并考虑暴雨、大风等极端天气下的防护措施。

5.4.8 植物施工应在适宜的气候季节进行,设计合理的施工程序与实施顺序,进行人员安排与技术交底。

6 喷播法

6.1 一般规定

6.1.1 喷播法分为液压喷播、客土喷播、挂网(铁丝网、三维网)客土喷播等。

6.1.2 液压喷播一般适用于坡率缓于1∶1的稳定或地质灾害工程治理后的土质边坡,主要喷播初期生长比较快的草本植物实现快速绿化,达到防治水土流失的目的。

6.1.3 客土喷播一般适用于坡率缓于1∶1的稳定土石混合坡面或粗糙岩质坡面,客土喷播厚度7 cm以上,一般先采用草、灌种子实现坡面绿化覆盖后导入乔木种植,建立初期目标植物群落与诱导环境,达到生态环境良性演替的目的。

6.1.4 挂网客土喷播一般适用于坡率在1∶1~1∶0.5范围内稳定土、石坡面,宜结合坡体表面防护措施进行施工,根据环境需求构建目标植物群落,达到生态环境良性演替的目的。

6.1.5 喷播法施工前应清除坡面上的垃圾、碎石等松动岩土体,平整坡面,稳定坡体。

6.1.6 喷播基质配比、理化性质、技术参数应满足设计要求,必要时可进行现场试验确定。

6.1.7 喷播法截排水设施布设应符合以下要求:
   a) 应根据施工需要设置临时的排水和截水设施。
   b) 施工区排水应遵循"高水高排"的原则。
   c) 边坡开挖前,应在开口线以外修建截水沟。
   d) 对影响施工及危害治理区安全的积水、渗漏水、地下水应及时引排。

6.1.8 灌溉系统宜采用微喷灌、滴灌、人工浇灌或多种组合的方式。

6.2 施工工艺

6.2.1 工艺流程

液压喷播工艺流程包括修整坡面、种子选配、基质混配、喷播混合物、覆盖无纺布、养护管理等,工艺流程如图1所示。

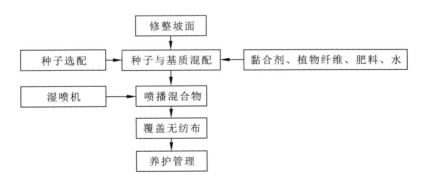

图1 液压喷播工艺流程

客土喷播工艺流程包括修整坡面、基质混配、喷播基质、喷播植物种子、覆盖无纺布、养护管理等,工艺流程如图2所示。

挂网客土喷播工艺流程包括修整坡面、挂网锚固、基质混配、喷播基质、喷播植物种子、覆盖无纺布、养护管理等,工艺流程如图3所示。

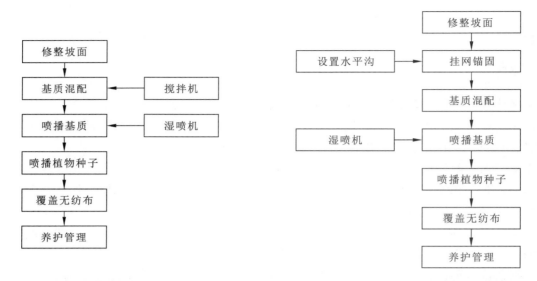

图 2　客土喷播工艺流程　　　　　　　图 3　挂网客土喷播工艺流程

6.2.2 施工要点

6.2.2.1 液压喷播施工

a) 清除坡面上的垃圾、碎石等，25°以上的土质坡面应等高开沟，间距 30 cm～40 cm，"V"字形沟宽 10 cm～20 cm，利于草种的扎深生长。

b) 喷播前应按设计的要求制作种植基质，将植物的种子、黏合剂、植物纤维、肥料等与水充分混合。

c) 把搅拌均匀的种植基质送至湿喷机，喷枪应与受喷面垂直，凹凸部及死角部分要充分喷满。控制风压风量，保证枪口风压在 4.5 kPa～5.5 kPa 的范围。喷射时应分区块由上到下进行，确保无漏喷。

d) 喷播完成后应及时盖上无纺布进行养护，及时浇水保湿，促进种子发芽。

e) 土层薄、贫瘠的区域应进行土壤改良，主要改善土壤的通气性、保水性，提高土壤的缓冲能力。

6.2.2.2 客土喷播施工

a) 应清除坡面杂物、浮石，削凸填凹，浮土夯实平整，达到坡面平顺稳定。

b) 客土喷播前应按设计的要求制作种植基质，将壤土、泥炭土、腐殖土、草纤维、有机质等倒入搅拌机充分搅拌均匀。

c) 把搅拌均匀的基质送至湿喷机，喷播施工时基层和面层分开喷射施工，在坡面设控制标桩，先喷基层后喷面层，基层厚度宜控制在 4 cm～8 cm。基层喷射完成后，尽快加入植物种子进行面层的喷射，喷射厚度宜控制在 1 cm～4 cm。

d) 喷播完成后应及时盖上无纺布进行养护，及时浇水保湿，促进种子发芽。

e) 对局部光滑的边坡，采取坡面水平开槽，增加坡面粗糙度，防止基质层下滑。

6.2.2.3 挂网客土喷播施工

a) 清理边坡上的杂物、碎石、浮石、浮土，填凹夯实平整，确保坡面稳定及挂网锚固的安全作业。

b) 用钻机在坡面上打孔，将铁丝网（三维网）沿坡面顺势铺下，铺设时应拉紧网，沿坡面铺平整顺后,用长锚杆和短锚杆自上而下固定。
c) 在坡顶处,铁丝网(三维网)应延伸出坡顶 50 cm~80 cm,用插筋的方法固定于坡顶。网与网之间搭接应大于 15 cm。
d) 在布置长短锚杆时应根据坡面的具体情况,在预先不能清除危石及节理裂隙较发育处,应适当加密长锚杆的数量。
e) 将配置好的种植基质,均匀喷射到坡面上,喷射厚度应达到设计要求,并覆盖住铁丝网(三维网)。
f) 种植基质喷射完毕后,加入种子进行基质面层喷射,厚度应达到设计要求。
g) 喷播完成后应及时盖上无纺布进行养护,及时浇水保湿,促进种子发芽。

6.3 质量检验

6.3.1 客土质量、基质成品、植物苗木、种子发芽率、铁丝网等应符合设计要求。

6.3.2 基质喷播后表面平顺无明显沟蚀或塌落现象。

6.3.3 锚杆的规格和布置密度应符合设计要求。

6.3.4 喷播平均厚度不应小于设计要求,最小值≥80%设计厚度(100 m² 抽查 10 处)。

6.3.5 植物养护期应对基质湿润度进行控制,以满足不同植物生长需求及设计要求。

7 植生槽(盆)法

7.1 一般规定

7.1.1 植生槽(盆)法适用于土石混合边坡、裂隙或破碎带发育的岩质边坡。

7.1.2 植生槽(盆)法应结合坡面微地形及坡面裂缝、破损发育状况进行构建。

7.1.3 植生槽(盆)内种植土应采用专用基质,基质配比及理化性质参数达到设计要求。

7.1.4 植生槽(盆)排水过滤设施布设符合设计要求,确保槽(盆)内不积水产生涝害。

7.1.5 植生槽(盆)内种植苗木的规格应符合设计要求,一般地径不大于 0.8 cm,高度不大于 100 cm。

7.2 施工工艺

7.2.1 工艺流程

植生槽(盆)法工艺流程包括修建截排水设施、坡面清理、脚手架搭设、放线定点、修筑植生槽(盆)、回填种植基质、安装浇灌系统、种植苗木、养护管理等,具体工艺流程如图 4 所示。

7.2.2 施工要点

7.2.2.1 清除危石、垃圾等坡面障碍物,高陡边坡需搭设脚手架,且应符合相关施工安全技术规范要求。

7.2.2.2 植生槽(盆)一般依据地形地质条件因地制宜地进行修筑:
a) 平台、凹口外侧布设挡土构件,一般采用砖、料石等材料进行人工修筑。
b) 破碎区一般采用挖除破碎带或安装预制构件形成植生槽(盆)。
c) 植生槽(盆)布置依据现场地形地貌进行布设,修筑(大小)外观形态近自然。
d) 植生槽(盆)构建槽(盆)内深、直径不小于 35 cm(密度一般 6 个/100 m²)。

7.2.2.3 槽(盆)内先修筑排水过滤设施,后回填基质并适度压实,形成内高外低至墙顶平。

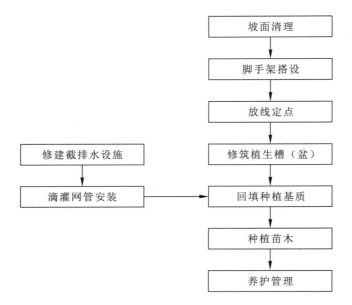

图 4　植生槽(盆)法工艺流程

7.2.2.4　植物栽植后浇第一遍透水,日后适度补水,一个月后可适度施肥,成活期满转日常养护。

7.2.2.5　给排水系统应定期进行质量巡查,确保植被给排水满足养护的需求。

7.3　质量检验

7.3.1　挡土构件承载力、稳定性及耐久性等指标符合设计要求。

7.3.2　基质配制应符合设计要求,制成品应报监理送检验确认后按设计要求进行回填。

7.3.3　构筑物的承载力、变形、稳定及耐久性等指标符合设计及相关规范要求。

7.3.4　苗木种类、数量、成活率、生长量等指标应达到验收相关要求。

8　植生袋法

8.1　一般规定

8.1.1　植生袋法适用于坡率在1:1~1:0.5之间的岩质坡面或已有格构护坡坡面。

8.1.2　植生袋法宜与挡土墙、混凝土格构、柔性防护网等防护工程相结合使用。

8.1.3　植生袋规格、单位质量、断裂强度、等效孔径等参数应符合设计要求。

8.1.4　锚杆、连接扣等原材料规格质量应符合设计要求。

8.1.5　生态袋、连接扣等构件,应对每批次进行检验合格后方可投入使用。

8.1.6　脚手架及坡面施工通道、材料吊运、人工作业等遵照国家相关安全规范要求。

8.2　施工工艺

8.2.1　工艺流程

植生袋法工艺流程包括清理,修整坡面,配置种植土,填充植生袋、封口,堆叠、码砌植生袋,回填孔隙,喷播草灌或栽植苗木,养护管理等,具体工艺流程如图5所示。

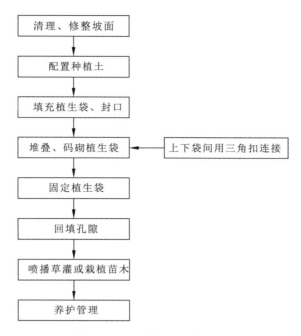

图 5 植生袋法工艺流程

8.2.2 施工要点

8.2.2.1 修建坡面渗水导水设施,清除坡面浮石、危石,削凸填凹,确保坡面平顺。

8.2.2.2 将配置好的种植基质充填植生袋内,填实封装后当天施工用完,如遇降雨应进行遮盖处理。

8.2.2.3 植生袋码砌时底部要求平实,袋子的缝线边朝同侧向内摆放,整平压实后紧密相接,分单元(3层～4层)上下错缝成"品"字形码砌,坡度较大时采用连接扣固稳。

8.2.2.4 植生袋与坡面的空隙种植土回填时,采用人工夯实,收工时将当天码叠植生袋淋水使其自然沉降,确保码叠植生袋的后期稳定。

8.2.2.5 植物种植采用专用工具开口,开口不得破坏植生袋整体结构,种植后浇一遍透水,每天适量补水,直到植物成活再转到正常的养护管理。

8.3 质量检验

8.3.1 基质配比各参数及物理性能等符合设计要求。

8.3.2 植生袋、连接扣等原材料符合设计及相关规范要求。

8.3.3 植生袋垒砌后整齐稳固、平顺自然,自然沉降符合设计要求。

8.3.4 种植生长状态良好,成活率、覆盖度、生长量符合设计要求。

9 保育基盘法

9.1 一般规定

9.1.1 保育基盘法一般适用于极端困难立地条件的荒漠地、石质坡面、崩塌地、泥石流冲积扇等区域的植被恢复。

9.1.2 保育基盘是将专用土壤、有机质、缓释肥料、添加剂等按特定比例混合制作成型的种植基盘,能够满足目的植物保育生长期的营养需求。

9.1.3 专用土壤为由粉砂土、泥炭土、种植土按比例混合后具有团粒结构的土壤。

9.1.4 有机质材料使用牲畜粪便堆肥、树枝木屑堆肥、农作物废料堆肥时应充分腐熟。

9.1.5 缓释肥料由氮、磷、钾及微量元素等按一定比例混合。

9.1.6 保育基盘法分为保育基盘播种法和保育基盘苗移栽法。

9.1.7 保育基盘播种法是将已经填埋目的植物种子的基盘在秋冬季直接埋入施工地,种子随着初春气温的上升而发芽、生长,成长过程顺应自然环境变化。

9.1.8 保育基盘苗移栽法是在温室大棚中进行基盘播种、培育幼苗,然后转移至施工地种植。

9.2 施工要点

9.2.1 工艺流程

保育基盘法工艺流程包括基质混配、导入模具、基盘成型养护、播种、移栽、养护管理等,工艺流程如图6所示。

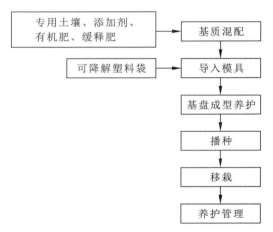

图6 保育基盘法工艺流程

9.2.2 施工要点

9.2.2.1 基盘的基质配置及规格尺寸应依据设计要求或经现场试验确定。

9.2.2.2 基盘成型风干后结构完整不易松散,具有一定的保水、保墒、透气功能。

9.2.2.3 基盘移植前应定点放线,按传统的植苗穴大小相同,挖穴深度比基盘高度深10 cm～20 cm,回填土后放置基盘,填实四周,并使周边填土高于基盘2 cm左右。

9.2.2.4 移植后立即浇一遍水,有条件的采用各种覆盖措施,如干草、树枝、木屑、石块等。

9.3 质量检验

9.3.1 基质配置专用土壤,有机质,缓释肥料氮、磷、钾及微量元素成分按设计或规范要求取样送检。

9.3.2 种植苗木每个基盘2株～3株,苗高15 cm～30 cm,无病虫害的健壮苗木方可移植。

9.3.3 苗木成活率、生长量、覆盖度按设计或规范要求验收。

10 种植法

10.1 一般规定

10.1.1 种植法适用于坡度适宜、有一定土层,立地条件较好的坡面或泥石流堆积区扇形地,通过构建稳定植被群落，改善地表径流条件，保护地质环境和生态环境。

10.1.2 地质灾害生物治理人工种植法主要有乔灌种植法、藤蔓种植法、草坪种植法等，坡地和大面积草坪铺设可采用喷播法。

10.1.3 种植法应提前规划好排水及灌溉区域，可利用坡地汇水面明沟或暗沟排水，周围环境较好且水利条件方便的破损山体，可修水池蓄水或塘坝蓄水，方便灌溉。针对土壤漏水严重，浇灌方式可以采用微喷灌、滴灌、人工浇灌或多种结合方式。

10.1.4 种植法施工前需清理障碍物，地面清理应符合设计图要求，清理范围应延伸到最大清理边界或周边截水沟外侧 3 m 的水平距离。应尽量保留已有树木。

10.1.5 经过工程治理和处置的地面沉降和地裂缝区域可适当种植草类和浅根型、根系不发育、树冠小的乔木及灌草植被，不宜种植高大深根的乔木型物种群落。

10.1.6 土壤全盐含量大于或等于 0.5% 的重盐碱地和土壤黏重地区的绿化栽植工程应实施土壤改良。

10.1.7 排水不良的种植穴，可在穴底铺 10 cm～15 cm 砂砾或铺设渗水管、盲沟，以利于排水。

10.1.8 栽植材料应符合以下要求：
  a) 栽植材料植物品种应符合设计要求，不应带有病虫、草害，不应出现检疫性病虫害。
  b) 乔、灌木应抗逆性强，根系发达。
  c) 攀缘植物应有健壮主蔓和发达的根系。
  d) 草种应标有种子质量的出厂检验报告或说明，使用前应作发芽率试验，以便调整播种量。
  e) 种植前可根据植物的具体情况进行适当修剪，以利于成活。

10.2 施工要点

10.2.1 乔灌藤施工

a) 乔灌藤栽植前应将场地内的渣土、树根及污染物清除干净。
b) 按照施工图纸设计要求对栽植穴（槽）定点放线。
c) 按照直径大于土球或裸根苗根系展幅 40 cm～60 cm 挖栽植穴（槽），穴深宜为穴径的 3/4～4/5。栽植穴（槽）应垂直上下挖，上口下底相等。
d) 支撑应符合以下要求：
  1) 应根据立地条件和树木规格进行三角支撑、四柱支撑、联排支撑及软牵拉。
  2) 支撑物的支柱应埋入土中不少于 30 cm，支撑物、牵拉物与地面连接点的连接应牢固。
  3) 连接树木的支撑点应在树木主干上，其连接处应撑软垫，并绑缚牢固。
  4) 支撑物、牵拉物的强度能够保证支撑有效；用软牵拉固定时应设置警示标志防止行人绊倒。
  5) 针叶常绿树的支撑高度应不低于树木主干的 2/3，落叶树支撑高度为树木主干高度的 1/2。

10.2.2 草坪及草本地被施工

10.2.2.1 草坪及草本地被施工应符合以下要求：
  a) 种子材料可按照穴播、条播或撒播方式进行播种。
  b) 营养体繁殖材料可按照穴植、条植或撒植的方式进行人工种植。
  c) 播种后要覆土，覆土深度应严格控制，并符合《人工草地建设技术规程》（NY/T 1342）的相关要求。

  d) 在干旱和半干旱地区，播种后镇压对促进种子萌发和苗全苗壮具有特别重要的影响，湿润地区则视气候和土壤水分状况决定镇压与否。

10.2.2.2 铺草皮(草卷)施工应符合以下要求：

  a) 清除场地多余的杂草、石头，在清除了杂草杂物的地面上进行初步平整，平整后撒施基肥，然后普遍进行一次翻耕。

  b) 以生长健壮的草坪作为草源地，按照草皮设计规格起草皮，厚度 3 cm～5 cm 为宜。

  c) 草皮铺植于地面时，草皮间留 3 cm～5 cm 间距，并用碾压器压平或踩平，使草皮与土壤紧密结合，无空隙。

  d) 草皮压紧后浇第一遍透水，按照气候状况浇水，直到草皮生根再转到正常的养护管理。

10.3 质量检验

10.3.1 乔灌木施工质量检验

10.3.1.1 种植苗木品种、规格及种植位置，应按设计图纸要求。

10.3.1.2 种植带土球树木时，不易腐烂的包装物应拆除。

10.3.1.3 种植根系应舒展，回填种植土应分层踏实，种植深度应与原生长面一致。

10.3.1.4 支撑须按设计规范标准实施，确保稳固不歪斜或松动。

10.3.1.5 成活率按设计规范标准验收。

10.3.2 草地及草本地被施工质量检验

10.3.2.1 选择优良种籽，不得含有杂质，播种前应做发芽试验和催芽处理，播种量满足设计和规范的要求。

10.3.2.2 保持土壤湿润，播种后应及时喷水，水点宜细密均匀，浸透土层 8 cm～10 cm。

10.3.2.3 成坪后的覆盖度应达到验收标准。

10.3.3 铺草皮(草卷)施工质量检验

10.3.3.1 草块、草卷运输时应用垫层相隔，分层放置，运输装卸时应防止破碎。

10.3.3.2 当日进场的草块、草卷数量应做好测算并与铺设进度相一致。

10.3.3.3 草块、草卷铺设前细整找平及排水坡度应满足设计要求。

10.3.3.4 草块、草卷在铺设后的压实度满足设计要求。

10.3.3.5 铺设草块、草卷，应及时浇透水，浸湿土壤厚度应大于 10 cm。

10.3.3.6 成坪后的覆盖度应满足设计要求。

11 其他生物治理方法

11.1 土工格室法

11.1.1 土工格室法适用于坡率缓于 1∶1.5、坡高小于 10 m 的岩质坡面。

11.1.2 土工格室施工前，应按照设计要求平整坡面，并清除坡面浮石、危石，削凸填凹，确保坡面平顺。

11.1.3 从坡顶至坡脚铺挂土工格室，连接时将土工格室组件并齐，将相应的连接塑件对准，先用主锚杆呈"品"字形固定拉开,拉紧土工格室,再用辅锚杆按一定的比例固稳。

11.1.4 按照设计的锚杆位置放样,利用钻杆按照设计要求钻孔并冲孔、灌浆。

11.1.5 铺设时应先在坡顶用固定钉进行固定,然后用同样的方法固定坡脚。

11.1.6 土工格室固定好后,向格室内填充客土,种植土要从坡顶往下分层(约 5 cm～10 cm)回填,尽量填满每个格室,浇水让其沉实。每层种植土回填后浇透水再回填第二层,并高出格室 1 cm～2 cm。

11.1.7 可选择喷播或种植乔灌草的方式进行绿化。

11.1.8 植物栽植后及时灌溉,日后适度补水,一个月后可适度施肥,直到植物成活再转到正常的养护管理。

11.2 植生毯法

11.2.1 植生毯法适用于坡率缓于 1∶1 的稳定土质边坡或回填边坡、马道、坡面凹陷处等。

11.2.2 施工前应清理不利于目标植物生长的杂草、树根、石块等杂物。平整边坡,把低洼处填平,高凸处削平。

11.2.3 植生毯应延伸出坡面 20 cm～40 cm,埋入土中压实,然后自上而下平铺到坡脚,中间用"U"形钉等材料固定,毯之间相互搭接,宽度不小于 10 cm。

11.2.4 植生毯与坡体土壤间要密切接触,无悬空现象。

11.2.5 植生毯法宜与撒播、喷播相结合使用。

11.2.6 喷播完成后应及时盖上无纺布进行养护,及时浇水保湿,促进种子发芽。

11.3 台阶种植法

11.3.1 台阶种植适用于坡率大于 1∶1 的地质条件稳定的坡面或具有台阶微地形的坡面。

11.3.2 施工前清除坡面石块杂物等,将坡面整理平顺。

11.3.3 边坡坡脚和分级平台应设排水沟,坡顶设置截水沟。

11.3.4 应按设计文件要求,在坡面修筑台阶,在平台上等距开凿种植槽,种植槽位置、数量、规格应符合设计要求。

11.3.5 种植槽内回填专用基质,基质配比应符合相关规范要求。

11.3.6 种植法可参考本标准其他章节。

11.4 生物谷坊法

11.4.1 生物谷坊适用于沟底比降较大(5%～10%)、沟底下切剧烈发展的沟段,以巩固并抬高河床,制止沟底下切,同时稳定沟坡、制止沟岸扩张,用于泥石流灾害形成区的治理。

11.4.2 生物谷坊应根据工程建设地点的实际状况选择谷坊的材料。生物谷坊可采用萌蘖性较强的活立木,如柳、杨、槐等植物材料。

11.4.3 生物谷坊措施布设应符合相关工程设计的要求。

11.4.4 生物谷坊施工应符合以下要求。

    a) 桩料选择:按照设计要求的长度和桩径,选生长能力强的活立木。

    b) 埋桩:按设计深度打入土内,桩身应与地面垂直,打桩时勿伤及桩料外皮,芽眼向上,各排桩位呈"品"字形错开。

    c) 编篱与填石施工要求:以活立木为经,从地表以下 0.2 m 开始,安排横向编篱;与地面齐平时,在背水面最后一排桩间铺柳枝厚 0.1 m～0.2 m,桩外露枝梢约 1.5 m,作为海漫;各排编篱中填入卵石(块石),靠篱处填大块,中间填小块,编篱(及其中填石)顶部做成下凹弧形溢水口;编篱与填石完成后,在迎水面填土,高与厚各约 0.5 m。

11.5 生物拦挡法

11.5.1 生物拦挡措施主要包括树枝围栏、木栅栏等。

11.5.2 生物拦挡措施布设应符合相关工程设计的要求。

11.5.3 生物拦挡施工应符合以下要求:
- a) 树枝围栏在垮塌体下方打入木桩,在木桩上再钉上横向的木条或树枝,并根据垮塌的严重程度布置一排或者两排。
- b) 木栅栏由纵木、横木和支架构成,横木稍向斜坡内倾斜,纵木等放在横木上。对陡斜坡可用一根或两根支架木用于支撑横木;斜坡比较平缓时,横木可改成立木形式,横木用镀锌铁丝绑扎在立木上。

11.6 生物排导法

11.6.1 生物排导措置主要包括木排导槽、圆木排导槽、木板导槽等。用于泥石流堆积区沟道各冲积扇的生物治理。

11.6.2 生物排导措施布设应符合相关工程设计的要求。

11.6.3 生物排导施工应符合以下要求:
- a) 木排导槽用圆木或木板制成的箱形斜槽,排泄小沟道的洪水或稀性泥石流。
- b) 圆木导槽由横木(垂直沟岸,向岸坡内延伸)、纵木(平行流向)和立木(垂直河床)3 部分构成,沟床底按照一定间距加"木肋板","木肋板"前缘上下端分别为一根立木,横放圆木 2 层～3 层。
- c) 当沟道岸坡比较陡时,护岸部分用横木垂直打入岸坡;岸坡较缓时,护岸部分用立木打入岸沟。在两根纵木之间栽植灌木。

12 灌溉工程

12.1 一般规定

12.1.1 地质灾害生物治理工程灌溉方式一般采用具有自动控制的微喷灌、滴灌、渗灌等精准灌溉模式,避免浇水过量产生坡面径流对滑坡体或潜在不稳定灾害体稳定造成影响。

12.1.2 有灌溉水源条件的就近接市政输水管道,缺水地区利用附近地形条件修建蓄水池,雨季蓄水,旱季灌溉,确保植物养护需水要求。

12.2 施工要点

12.2.1 管道应避免穿越障碍物,并应避开地下电力、通信等设施,明装管道和阀门应依据项目区域气候条件,必要时可采取保温及防锈等措施。

12.2.2 输配水管道宜沿地势平顺位置布置,主管宜竖向于坡面平顺布置,支管宜竖向于植物种植水平行布置,毛管宜顺植物种植行布置。

12.2.3 喷灌头、滴灌头根据种植物立地环境布置,自动控制灌水时间通过实验确定,以达到植物需水又不产生坡面径流为佳。

12.2.4 输配水管道前端应设置自动开关系统、过滤装置、过压装置、开关检修及冲洗装置,以便后期维修。

12.2.5 微喷灌、滴灌设备安装应符合《微灌工程技术规范》(GB/T 50485)的相关要求进行质量检测及验收。

13 养护管理

13.1 养护管理期按成活期、生长期、管护期划分方法分为三个阶段。

13.2 成活期管理应符合以下要求:
   a) 成活期管理时间一般为6个月,工作主要为扶正、补植、松土、除草、防病虫害、设施维护等。
   b) 视当地气候环境变化及缺水状况,应及时补水,满足植物成活期需水要求。
   c) 应全面普查植被生长状况,对生长不良、病枯死植物应及时更换或补植原规格树种。
   d) 病虫害应以预防为主,一经发现受害症状,要及时彻底治愈,并定期做好喷药防治工作。
   e) 截排水设施及灌溉设备应及时疏通、维修,确保排水畅通和灌溉设备运行完好。
   f) 成活期结束后,乔、灌成活率应≥98%,藤蔓生长量达1 m~2 m,草本覆盖率应>98%。

13.3 生长期管理应符合以下要求:
   a) 生长期管理时间一般为12个月,工作主要为补水、补肥、修剪、病虫害防治、设施维护等。
   b) 生长期管理期间,及时清除死株、枯枝等杂物。
   c) 应根据植被生长情况补水、补肥,根据植被生长适时修剪并注重病虫害防治。
   d) 生长期结束后,乔、灌成活率≥95%,藤蔓生长量达2 m~3 m,草本覆盖率应>95%。

13.4 管护期管理应符合以下要求:
   a) 管护期管理时间根据区域、立地条件等不同,管护时间一般为12~24个月,工作主要为补水、补肥、修剪、病虫害防治、设施维护等。
   b) 应根据植被生长情况浇水和施肥,可以靠自然降水养护,若遇干旱,应适时浇水,浇水应遵循"多量少次"的原则。
   c) 视植被生长情况,每年初春、夏末施肥一次(复合肥),确保植物生长健康、旺盛。
   d) 目标群落物种成活率>90%,乔灌保存率≥85%,藤蔓垂直绿化覆盖率应>80%,草本覆盖率应≥85%。

13.5 养护期间病虫害防治以预防为主,定期做好喷药防治工作,养护期内应根据季节和病虫害发生规律采取预防措施,在病虫害易发时期,每月对易感植物喷药1次~2次。可采用生物防治方法、物理防治法和生物农药及高效低毒农药,尽量采用生态防治或生物防治方法。

14 监测

14.1 一般规定

14.1.1 地质灾害生物治理工程监测包括施工安全监测及后期植被生长效果监测,以后期植被生长效果监测为主。

14.1.2 施工安全监测一般可结合地质灾害治理工程监测同步进行,监测工作以人工巡查和巡视为主,主要对于生物治理工程中有关安全施工的内容进行监测。

14.1.3 地质灾害生物治理工程监测可参照《崩塌、滑坡、泥石流监测规范》(DZT 0221)、《水利水电工程施工质量检验与评定规程》(SL 176)中的有关内容。

14.2 后期植被生长效果监测

14.2.1 后期植被生长效果监测应包括以下主要项目：
- a) 植被盖度监测，主要包括郁闭度、植被覆盖度等。
- b) 生物量监测，主要包括地上生物量、地下生物量。
- c) 生长发育情况监测，主要包括植物高度、多度、频度等。
- d) 功能及多样性监测，主要包括植物多样性、群落结构等。

14.2.2 后期效果监测应在管护期内进行，一般不少于1 a。

14.2.3 后期效果监测可根据养护管理周期分为成活期监测、生长期监测、管护期监测，监测频次分别为：成活期一般为1个月1次，生长期监测一般为3个月1次，管护期监测一般为6个月1次。

14.2.4 成活期监测、生长期监测、管护期监测主要监测项目可参照表1进行。

表1 不同养护管理期后期植被生长效果监测项目对照表

指标	周期		
	成活期监测	生长期监测	管护期监测
植被覆盖度	选测	选测	应测
生长量	应测	应测	应测
生长发育情况	应测	应测	应测
功能及多样性	不测	不测	应测

14.2.5 监测方法宜采用定位样方观测和面上调查法相结合。在生物治理工程范围内，林草措施自然恢复条件较好的区域，可采用面上调查；自然环境比较脆弱的地区，应以定位样方观测为主。

14.2.6 郁闭度、植被覆盖度等指标可采用投影法、网格法、目测法等方法进行监测。

14.2.7 地上生物量可采用间接估算法进行监测，地下生物量可采用挖掘法或剖面法进行测定。

14.2.8 植被平均高度可采用各样方所测高度与样方数的比值的方法进行监测。

14.2.9 植物多样性监测一般是指对样方内植物种类的多少及变化进行监测。

15 工程质量验收

15.1 一般规定

15.1.1 地质灾害生物治理工程质量验收，应按分项工程、分部（子分部）工程的顺序进行，地质灾害生物治理工程的分项、分部工程划分可参照《园林绿化工程施工及验收规范》(CJJ 82—2012)的相关规定。

15.1.2 地质灾害生物治理施工与地质灾害防治施工一同实施时，应先对地质灾害防治施工进行验收。

15.1.3 地质灾害生物治理施工质量验收应符合以下规定：
- a) 地质灾害生物治理工程物资的主要原材料、成品、半成品、配件、设备等须具有质量合格证明文件，规格型号及性能监测报告应符合国家现行技术标准及设计要求。植物材料、工程物质进场时应做检查验收，并经监理工程师核查确认，形成相应的检查记录。

b) 地质灾害生物治理工程施工质量应符合本标准及国家现行相关专业验收标准的规定。
c) 工程质量的验收应在施工单位自行检查评定的基础上进行。
d) 关系到植物成活的种植土、基质、基盘及涉及结构安全的试块、试件及有关材料应按规定进行见证取样检测。

15.1.4 竣工验收应具备以下条件：
a) 完成了地质灾害生物治理工程设计要求及合同约定的各项工程。
b) 监理单位对竣工工程质量进行了检查、核定，并认可工程竣工质量符合设计要求，同意验收。
c) 工程质量控制资料齐全完整。
d) 有关安全和功能的检验和抽样检测数量及抽检结果符合相关规定或要求。
e) 建设、施工、监理、设计等单位工程技术档案齐全完整。
f) 施工单位已签署并向业主单位提交了《工程质量保修书》。

15.1.5 工程竣工验收时，应提交下列资料：
a) 施工管理文件：施工开工申请、开工令、施工大事记、施工日志、施工阶段例会及其他会议记录、工程质量事故处理记录及有关文件、施工总结等。
b) 施工技术文件：施工组织设计及审查意见、施工安全措施、施工环保措施、专项施工方案、技术交底、图纸会审记录、设计变更申请、设计变更通知及图纸、施工图设计、工程定位测量及复核记录等。
c) 施工物资文件：工程所用材料（包括种子、种植土原材料、水泥、钢材、钢材焊连接、砂、碎石、块石、预制块、预制构件等）的出厂合格证、检测报告、使用台账、不合格项处理记录等。
d) 施工记录文件：各分部分项工程施工记录、隐蔽工程验收记录等。
e) 工程竣工测量文件：测量放线资料，工程最终测量记录及测量成果图。
f) 施工质量评定文件：各分项（工序）、分部、单位工程质量检验评定表等。
g) 工程竣工验收文件：竣工图、竣工总结报告、竣工验收申请、竣工验收会议记录、工程竣工验收意见书、工程质量保修书等。
h) 其他应提供的有关资料。

15.1.6 工程竣工验收后，建设单位应将有关文件及相关技术资料归档。

15.1.7 验收意见若有整改意见时，施工单位应及时按照要求进行整改。验收合格后，由建设单位组织，施工单位向工程运行管理维护单位办理移交手续。

15.2 工程质量验收

15.2.1 竣工验收应包括基质理化性质、基质层厚度和抗侵蚀性能、植被群落、地质灾害防治效果等。

15.2.2 应具有完整的施工操作依据、质量检查记录。

15.2.3 本标准的分项、分部质量等级均应为"合格"。

15.2.4 种植土质量、基质等有关安全及功能的检验和抽样检测结果应符合有关规定。

15.2.5 基质稳固性、植被建植质量、目标群落稳定评价方法及标准应符合《地质灾害生物治理工程设计规范》(T/CAGHP 050—2018)的相关规定。

15.2.6 乔灌木成活率、草坪覆盖率及植物生长状态等指标应达到地质灾害生物治理工程设计规范的相关规定。

16 环境保护和安全措施

16.1 环境保护措施

16.1.1 施工进场前,应接受环境保护培训,以提高作业人员环保意识,并将环境保护培训记录保存留底。

16.1.2 施工时应按环境保护要求搭设隔音板围挡或合理协调施工时间,尽量减少噪声扰民。

16.1.3 机械设备开动过程中,要严格按照设备的操作规范要求进行操作,防止操作不当产生噪声。

16.1.4 施工现场周围设置铁板或其他硬质材料对现场加以围挡,减少沙土和扬尘的流散及弥漫。

16.1.5 应做到工完料净场地清,对生产中产生的各种固体废弃物,应按各类废弃物投放管理要求分类投放,禁止随手乱扔,造成环境污染。及时对外脚手架进行清理处理,以免造成扬尘。

16.1.6 加强对施工现场粉尘、噪声、废气的监控工作。及时采取措施消除粉尘、废气和污水的污染。

16.1.7 在施工中,使用有毒有害物质时,如油漆、稀料、各种胶等,应指定地点储存,以免造成有毒有害气体挥发。

16.1.8 废弃物场内运输时,要按废弃物分类搬运,搬运过程中要做到不遗洒、不混投。

16.1.9 施工废水、生活污水按有关要求进行处理,不得直接排入河流和农田。

16.2 安全措施

16.2.1 应认真贯彻国家和上级劳动保护、安全生产主管部门颁发的有关安全生产、消防工作的方针、政策,严格执行有关劳动保护法规、条例、规定。

16.2.2 施工方应有安全管理组织体制,包括抓安全生产的领导、各级专职和兼职的安全干部,应有各工种的安全操作规程,特种作业工人的审证考核制度及各级安全生产岗位责任制和定期安全检查制度。

16.2.3 施工前要认真勘察现场,并编制施工组织设计,制定有针对性的安全技术措施。

16.2.4 施工人员需进行安全生产制度及安全技术知识教育,增强法制观念,提高安全生产思想意识和自我保护的能力,自觉遵守安全纪律、制度法规。

16.2.5 对所处的施工区域、作业环境、操作设施设备、工具用具等应认真检查,发现隐患,应立即停止施工,并由有关单位落实整改,消除隐患后方可施工;一旦施工,就表示其已确认施工区域、作业环境、操作设施设备、工具用具等符合安全要求和处于安全状态。并对施工过程中产生的后果自行负责。

16.2.6 施工时使用的机械设备(机具)、脚手架等设施,在使用前应按规定对其设施进行安全方面的检查、验收,确认安全无误后方可使用。机械设备(机具)、脚手架等设施在使用过程中严格按照安全操作规程进行。

16.2.7 施工人员,对施工现场的脚手架、各类安全防护设施、安全标志和警示线,不得擅自拆除、更动。如确实需要拆除、更动的,应采取必要、可靠的安全措施后方能拆除。

16.2.8 特种作业应执行《国家特种作业人员安全技术培训考核管理规定》,经省、市、地区的特种作业安全考核站培训考核后持证上岗,并按规定定期审证;中、小型机械的操作人员应按规定做到"定机定人"和持证操作;起重吊装作业人员应遵守"十不吊"规定,禁止违章、无证操作;禁止不懂电器、机械设备的人员,擅自操作使用电器、机械设备。

16.2.9 施工中,应注意地下管线及高低压架空线路的保护。

附 录 A
（资料性附录）
地质灾害生物治理工程植物材料验收记录

A.1 地质灾害生物治理工程植物材料验收可参考表 A.1 的相关规定。

表 A.1 植物材料验收记录

单位工程名称			分项工程名称		验收部位	
施工单位			专业工长		项目负责人	
施工执行标准名称及编号						
分包单位			分包负责人		施工班组长	
		质量验收规范的规定		施工单位评定结果		监理（建设）验收记录
主控项目	1	植物材料种类、品种名称及规格应符合设计要求				
	2	不应使用带有严重病虫害的植物材料，非检疫对象的病虫害危害程度或危害痕迹不得超过树体的5%～10%，国外引进的植物材料应有植物检疫证				
一般项目	1	植物材料的外观质量要求和检验方法应符合规定				
		项目		是否满足要求		监理（建设）验收记录
		喷播植物种	草本植被种子等级不小于《禾本科草种子质量分级》(GB 6142)二级标准			
			木本植物种子等级不小于《林木种子质量分级》(GB 7908)二级标准			
			植物种类不小于5种			
	2	乔木	胸径			
			高度			
			冠径			
		灌木	高度			
			冠径			
		藤本	主蔓长			
			主蔓径			
评定结果：						
施工单位检查评定结果：			项目专业质量检验：		年 月 日	
建设单位验收记录：			监理工程师（建设单位项目专业技术负责人）：		年 月 日	

附 录 B
（资料性附录）
分项、分部工程质量验收记录

B.1 分项工程质量验收记录可参考表 B.1 的规定。

表 B.1 分项工程质量验收记录

单位工程名称			检验批数		
施工单位		项目负责人		项目技术负责人	
分包单位		分包单位负责人		分包项目负责人	
序号	检验批部位、单项、区段		施工单位检查评定结果	监理（建设）单位验收结论	
1					
2					
3					
4					
5					
6					
7					
8					
9					
10					
11					
12					
检查结论：	项目专业技术负责人： 年 月 日		验收结论：	监理工程师 （建设单位项目专业技术负责人）： 年 月 日	

B.2 分部(子分部)工程质量验收记录可参考表 B.2 的规定。

表 B.2 分部(子分部)工程质量验收记录

工程名称					
施工单位		技术部门负责人		质量部门负责人	
分包单位		分包单位负责人		分包技术负责人	
序号	分项工程名称		施工单位检查意见	验收意见	
1					
2					
3					
4					
5					
6					
质量控制资料					
结构实体检验报告					
观感质量验收					
验收单位	分包单位		项目经理: 年 月 日		
	施工单位		项目经理: 年 月 日		
	设计单位		项目负责人: 年 月 日		
	监理(建设)单位		项目经理(建设单位项目专业负责人): 年 月 日		

附 录 C
（资料性附录）
地质灾害生物治理工程质量竣工验收报告

C.1 地质灾害生物治理分部(子分部)工程质量竣工验收报告可参考表 C.1 的相关规定。

表 C.1 地质灾害生物治理分部(子分部)工程质量竣工验收报告

工程名称					
施工单位		技术负责人		开工日期	
项目负责人		项目技术负责人		竣工日期	
工程概况					
工程造价工作量	万元	构筑物面积			m²
		生物治理面积			m²
防治灾害体类型		防治范围		防治效果评价	
本次竣工验收工程概况描述：					

C.2 分部(子分部)工程质量竣工验收记录可参考表 C.2 的相关规定。

表 C.2 分部(子分部)工程质量竣工验收记录

工程名称						
施工单位			技术部门负责人		开工日期	
项目负责人			项目技术负责人		竣工日期	
序号	项目		验收记录		验收结论	
1	分项工程		共 分项,经查 分项。符合标准及设计要求 分项			
2	质量控制资料核查		共 项,经审查符合要求 项。经核定符合规程要求 项			
3	安全和主要使用功能及涉及植物成活要素核查及抽查结果		共核查 项,符合要求 项,共抽查 项,符合要求 项。经返工处理符合要求 项			
4	植物成活率		共抽查 项,符合要求 项,不符合要求 项			
...	......					
	综合验收结论					
验收单位	建设单位 (公章) 单位(项目)负责人: 年 月 日		监理单位 (公章) 总监理工程师: 年 月 日	施工单位 (公章) 单位负责人: 年 月 日		设计单位 (公章) 单位(项目)负责人: 年 月 日

T/CAGHP 053—2018

C.3 分部(子分部)工程质量控制资料核查记录可参考表C.3的相关规定。

表C.3 分部(子分部)工程质量控制资料核查记录

序号	项目	资料名称	份数	核查意见	审核人
1	基础工程	图纸会审、设计变更、洽商记录			
2		工程定位测量、放线记录			
3		原材料出厂合格证书及进场检验报告			
4		施工试验报告及见证检测报告			
5		隐蔽工程验收记录			
6		施工记录			
7		预制构件			
8		分项、分部工程质量验收记录			
9		工程质量事故及事故调查处理资料			
10		新材料、新工艺施工记录			
...		……			
1	植物工程	图纸会审、设计变更、洽商记录、定点放线记录			
2		植物进行进场检验记录及材料、配件出厂合格证书和进场检验记录			
3		隐蔽工程验收记录及相关材料检测试验记录			
4		施工记录			
5		分项、分部工程质量验收记录			
...		……			
结论： 施工单位项目负责人： 　　　　　　　年　月　日				结论： 总监理工程师： (建设单位项目负责人) 　　　　　　　年　月　日	

C.4 分部(子分部)工程安全功能和植物成活要素检验资料核查及主要功能抽查记录可参考表 C.4 的相关规定。

表 C.4 分部(子分部)工程安全功能和植物成活要素检验资料核查及主要功能抽查记录

工程名称				施工单位		
施工时间				验收时间		
序号	安全和功能检查项目	份数	核查意见		抽查结果	核查人
1	有防水要求的试验记录					
2	工程牢固性检查记录					
3	灌溉系统通水试验记录					
4	(种植土)基质理化性质检测报告					
5	种子发芽试验记录					
6	喷播植物配置与种子量配比记录					
7	植物养护记录					
...	......					
结论： 施工单位项目负责人： 　　　　　　　　　年　月　日				结论： 总监理工程师： (建设单位项目负责人) 　　　　　　　　　年　月　日		

C.5 分部(子分部)工程植物成活覆盖率统计记录可参考表 C.5 的相关规定。

表 C.5 分部(子分部)工程植物成活覆盖率统计记录

工程名称			施工单位				
施工时间			统计时间				
序号	植物类型及名称	种植数量	成活数量	成活率	覆盖率	抽查结果	核查人
1	乔木						
2							
3							
4							
1	灌木						
2							
3							
4							
1	草坪／地被						
2							
3							
4							
…		……					

结论：

施工单位项目负责人：

　　　　　　　　　　　　　　　　　　年　月　日

结论：

总监理工程师：
(建设单位项目负责人)

　　　　　　　　　　　　　　　　　　年　月　日

附 录 D
（资料性附录）
生物措施验收评价记录

D.1 地质灾害生物治理工程生物措施验收评价可参考表D.1的规定。

表 D.1 生物措施验收评价记录

工程名称		施工单位			
施工时间		验收时间			
防治灾害体类型		防治范围		m²	防治效果评价	
直观效果	□优 □良 □中 □及格 □不及格				
苗木存活率及长势	草本：□长势正常,生长量接近年平均生长量,1年后草本存活种类达60%以上,覆盖度达70%以上,3年后草本存活种类达30%以上,覆盖度达40%以上 □长势不良				
	藤本：□长势正常,生长量接近年平均生长量,1年后成活率80%以上,3年后保存达70%以上 □长势不良				
	灌木：□长势正常,生长量接近年平均生长量,1年后灌木存活种类达60%以上,覆盖度达70%以上,3年后灌木存活种类达50%以上,覆盖度达80%以上 □长势不良				
	乔木：□长势正常,生长量接近平均年生长量,1年后乔木存活种类达80%以上,覆盖度达70%以上,3年后乔木存活种类达70%以上,覆盖度达80%以上 □长势不良				
植被覆盖率	坡面：□>95% □80%～95% □65%～80% □50%～65% □35%～50% □<35%				
	缓坡平台：□>95% □80%～95% □65%～80% □50%～65% □35%～50% □<35%				
目标群落演替状态	□ 处于群落演替初级（先锋群落）阶段：植物群落由1种～5种植物组成,群落结构不稳定；群落层次1层～2层,层次变化不明显且没有规律性,乔、灌、草搭配不合理；种类间缺乏变化或变化太多,有来自周边生境的植物品种自然入侵				
	□ 处于群落演替中级（竞争平衡）阶段：植物群落由6种～10种植物组成,群落结构较为稳定；群落层次3层～4层,植物高低错落有一定变化,规律性不强,乔、灌、草搭配尚可；种类间存在一定差异,但过渡不协调				
	□ 处于群落演替高级（相对稳定）阶段：植物群落由10种以上植物组成,群落结构稳定；群落层次5层～6层,植物高低错落有变化且有规律性,乔、灌、草搭配非常合理；种类间存在变化且过渡自然				
生物多样性指标	□ 生物多样性等级高（多样性指数BI≥60。物种丰富度高,特有种繁多,生态系统丰富多样）				
	□ 生物多样性等级较高（30≤BI<60。物种较丰富,特有属、种较多,生态系统类型较多,局部地区生物多样性高度丰富）				
	□ 生物多样性等级一般（20≤BI<30。物种较少,特有属、种不多,局部地区生物多样性较丰富,但生物多样性总体水平一般）				
	□ 生物多样性等级低（BI<20。物种贫乏,生态系统类型单一、脆弱,生物多样性极低）				

表 D.1 生物措施验收评价记录（续）

工程名称		施工单位	
施工时间		验收时间	
防治灾害体类型		防治范围　　　　m^2	防治效果评价	
病虫害等级	□Ⅰ级（不显病）		
	□病虫害等级Ⅱ（1/4以下的叶片感病）		
	□病虫害等级Ⅲ（1/4～1/2的叶片感病）		
	□病虫害等级Ⅳ（1/2以上的叶片感病）		
	□病虫害等级Ⅴ（全株枯死）		
生物措施评定结果：			
施工单位检查评定结果：		项目专业质量检验：	年　月　日
建设单位验收记录：		监理工程师（建设单位）：	年　月　日